AF462167

MÉMOIRE
SUR LA NÉCESSITÉ
DE JOINDRE
UNE MÉNAGERIE
Au Jardin National des Plantes de Paris.

MÉMOIRE
SUR LA NÉCESSITÉ
DE JOINDRE
UNE MÉNAGERIE
Au Jardin National des Plantes de Paris.

PAR JACQUES-BERNARDIN-HENRI
DE SAINT-PIERRE,
Intendant du Jardin national des Plantes et de son Cabinet d'Histoire naturelle.

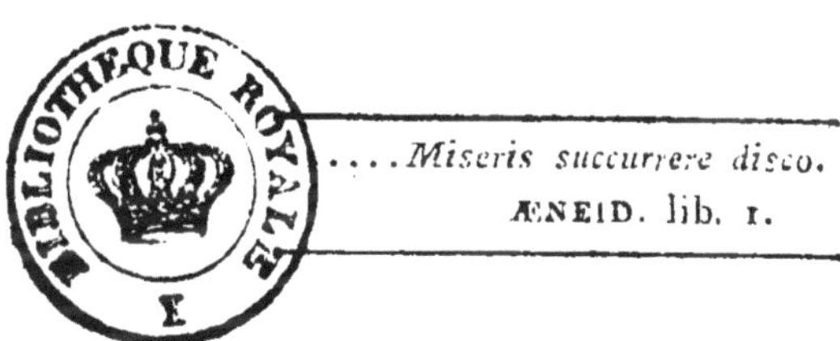

....*Miseris succurrere disco.*
ÆNEID. lib. I.

A PARIS,
DE L'IMPRIMERIE DE DIDOT LE JEUNE.

Chez P. FR. DIDOT, quai des Augustins, n°. 22.
1792.

MÉMOIRE

Sur la nécessité de joindre une Ménagerie au Jardin national des Plantes de Paris.

L'ÉTUDE de la nature est la base de toutes les connaissances humaines. Le cabinet national d'histoire naturelle et son jardin des plantes, sont destinés, à Paris, à en renfermer les principaux objets pour l'instruction publique. Peu d'hommes connoissent tout le prix de cet établissement, parce qu'ils n'y font pas plus d'attention qu'à la nature même au sein de laquelle ils vivent. Ils peuvent s'en former une idée, en considérant combien d'états viennent y puiser des lumières. Les Minéralogistes, les Botanistes, les Zoologistes; ensuite ceux qui professent les arts qui émanent des trois premiers règnes de la nature, les Lapidaires, les Chimistes, les Apothicaires, les Distillateurs, les Chirurgiens, les Anatomistes, les Médecins; enfin ceux même qui exercent les arts de goût, les Dessinateurs, les Peintres, les Sculpteurs, viennent y chercher chaque jour de nouvelles connoissances. C'est là que se sont formés les Tournefort, les Rouelle, les Macquer, les Jussieu, les Levaillant, les Buffon, ainsi que les savans qui l'illustrent aujourd'hui, dont les ouvrages se sont répandus dans toute l'Europe, avec une multitude de végétaux utiles ou agréables qui ont pris naissance dans ses jardins. Qui croiroit qu'avec tant d'avantages cet établissement est encore très-imparfait, puisqu'il lui manque la principale partie de l'histoire naturelle?

A Dieu ne plaise que nous soyons assez insensés pour vouloir y rassembler tous les ouvrages de la nature. Plus profonde et plus vaste que l'Océan, l'homme le plus actif, dans le cours de la vie la plus longue, n'en peut entrevoir que les principaux rivages; mais ses études élémentaires doivent au moins en embrasser l'ensemble. Ainsi une mappemonde offre au voyageur l'image du globe qu'il doit parcourir. Celui de la nature ne présente, dans le jardin, qu'un de ses hémisphères.

Le cabinet renferme les trois règne de la nature morte : des fossiles ; des herbiers ; des animaux disséqués, empaillés, injectés. Le jardin ne contient que les deux premiers règnes de la nature vivante, un sol en activité, et des plantes qui végètent : il n'a point d'animaux qui sentent, qui aiment, qui connoissent. Le cabinet montre les dépouilles de la mort ; le jardin, au contraire, les premiers élémens de la vie. Le cabinet est le tombeau des règnes de la nature ; le jardin en doit donc être le berceau. Les Egyptiens représentoient cette mère commune de tant d'enfans avec trois rangs apparens de mamelles, sans doute comme des symboles de ses trois règnes : le jardin manque du plus important, puisqu'il n'a pas le règne animal pour lequel a été créé le végétal, et avant tout LE FOSSILE. (*Voyez, à la fin, note première.*)

L'anatomie comparée des animaux suffit, dit-on, pour les connoître. Quelques lumières qu'elle ait répandues sur celle de l'homme même, l'étude de leurs goûts, de leurs instincts, de leurs passions, en jette de bien plus importantes pour nos besoins et pour notre propre existence : elle est le complément de l'histoire naturelle. C'est cette étude qui a rendu Buffon si intéressant, non-seulement aux savans, mais à tous les hommes. Mais cet écrivain illustre ayant manqué de beaucoup d'objets d'observations, n'a travaillé souvent que sur des mémoires incertains : ses remarques les plus utiles et ses tableaux les mieux coloriés, sont ceux qui ont eu pour modèles les animaux qu'il avoit lui-même étudiés ; car les pensées de la nature portent avec elles leur expression. Quelles riches études il nous eût laissées, s'il avoit pu les étendre à une ménagerie ! Celle de Versailles fut toujours l'objet de ses desirs; il auroit voulu la joindre au jardin des plantes; mais, quelque grand que fût son crédit, il n'osa la disputer à l'homme de la cour qui en avoit le gouvernement. Ainsi la ménagerie resta à Versailles, et ne fut pour la nation qu'un objet inutile de luxe et de dépense : mais il n'y a pas de doute qu'elle ne fût devenue la portion la plus importante de l'histoire naturelle, sous ses yeux et sous ceux des naturalistes.

Pour moi qui, du fond de ma solitude, ai été appelé à remplir la place de Buffon au jardin des plantes, sans posséder à fond aucune des sciences qui illustrent en particulier mes collègues, je crois de mon devoir principal de chercher à établir un ensemble dans toutes les parties de cet utile établissement, en y attachant une ménagerie. Les circonstances ne sauroient être plus favorables; on nous offre les animaux de celle de Versailles, et il y a, pour les recevoir à Paris, un grand terrain non occupé avec ses bâtimens, qui est enclavé dans le jardin des plantes, et qui appartient à la nation. Il me suffit donc d'exposer en peu de mots l'état où se trouve la ménagerie de Versailles, son utilité au jardin des plantes, et les moyens économiques qui peuvent l'y établir, pour déterminer la nation à accorder les fonds nécessaires à son entretien. Le zèle des ministres, l'intérêt de la municipalité de Paris, la bonne volonté de son Département, les lumières et le patriotisme de la Convention nationale, suppléeront à mon défaut de crédit.

M. Couturier, régisseur général des domaines de Versailles, m'écrivit, il y a quelques jours, que le ministre des finances l'avoit chargé d'offrir au cabinet d'histoire naturelle les animaux de la ménagerie, en m'engageant à les venir voir. Les infirmités de M. Daubenton ne lui permettant pas de m'accompagner, j'y invitai M. Thouin, jardinier en chef, et M. Desfontaines, professeur de botanique du jardin national des plantes. M. Thouin étoit chargé de plus, de la part du ministre de l'intérieur, de prendre dans les jardins de Trianon, Bellevue, etc. etc. les plantes rares qui pouvoient convenir au jardin national. Nous fûmes, avec M. Couturier, à la ménagerie, où nous fûmes introduits par M. Laimant, qui en est l'inspecteur et le concierge.

Nous n'y trouvâmes que cinq animaux étrangers, à la vérité fort rares et fort curieux.

1°. Le Coûagga: c'est une espèce de cheval zébré à la tête et aux épaules; il est venu du Cap de Bonne-Espérance en 1784. Il est doux. Il se présenta de lui-même à sa grille pour se laisser caresser, excepté aux oreilles; particularité qui, dit-on, lui est commune avec l'âne.

2°. Le Bubale: c'est une espèce de petit bœuf qui tient du cerf et de la gazelle; il a été envoyé en 1783 par le Dey d'Alger. Il est susceptible de domesticité, comme le Coûagga; comme lui, il venoit chercher des caresses à travers sa grille.

3°. Le Pigeon huppé de l'île de Banda. Brisson le nomme le Faisan couronné des Indes, mais il boit en pompant l'eau comme le pigeon. Cet oiseau est magnifique : son plumage est bleu, et il est de la taille d'un poulet d'Inde. Il est couronné d'une superbe aigrette d'un bleu de ciel, qui lui couvre la tête en forme d'auréole. Il est fort sauvage : en nous voyant il se tint dans le fond de sa loge, où il alloit et venoit dans une agitation perpétuelle. Il est cependant à la ménagerie depuis 1787.

4°. Le Rhinocéros, envoyé de l'Inde en 1771. Il avoit alors un an. Cet animal est fort rare en Europe. Sa lourde masse en contraste avec sa tête qui ressemble à celle d'un aigle, sa peau épaisse à plusieurs plis, qui le couvre comme une robe, les gros boutons dont elle est parsemée, sa corne unique sur le nez, ses pieds à trois ergots, son membre génital tourné en arrière, par lequel nous lui vîmes lancer au loin son urine comme un jet d'eau, nous offrirent une nouvelle combinaison de formes dans l'ordre des quadrupèdes. Moins intelligent que l'éléphant, il aime à se bauger comme le sanglier. Il n'en paroît pas moins sensible aux caresses : il passa, pour les recevoir, son large museau à travers sa palissade. Je remarquai que sa corne qu'il a entièrement usée contre les barreaux, n'avoit point d'os au centre comme celle des bœufs, et que la racine étoit toute parsemée de petits points blancs. M. Daubenton m'a dit que ce n'étoit qu'un paquet de crins agglutinés.

5°. Un beau Lion arrivé du Sénégal en septembre 1788, il avoit alors sept à huit mois; ainsi qu'un Chien bracq son compagnon, avec lequel il a été élevé. Leur amitié est un des plus touchans spectacles que la nature puisse offrir aux spéculations d'un philosophe. J'avois lu dans les voyages de Jean Mocquet, fondateur et garde du cabinet des singularités du roi, sous Henri IV, l'histoire d'un chien qu'il avoit vu à Maroc dans la fosse aux lions où on l'avoit jeté pour être dévoré : il y vivoit paisiblement sous la protection du plus fort d'entre eux, qu'il s'étoit attirée en le flattant et lui léchant une gale qu'il avoit sous le menton. Mais l'ami du lion de Versailles est plus intéressant que le protégé du lion de Maroc. Dès qu'il nous aperçut, il vint avec le lion à la grille, nous faisant fête de la tête et de la queue. Pour le lion, il se promenoit gravement le long de ses barreaux contre lesquels il frottoit sa tête énorme. L'air sérieux de ce terrible despote, et l'air caressant de son ami, m'inspirèrent pour tous deux le plus tendre intérêt. Jamais je n'avois vu tant de générosité dans un lion et tant d'amabilité dans un chien. Celui-ci sembla deviner que sa familiarité avec le roi des animaux, étoit le principal objet de notre curiosité. Cherchant à nous complaire dans sa captivité, dès que nous lui eûmes adressé quelques paroles d'affection, il se jeta, d'un air gai, sur la crinière du lion, et lui mordit en jouant les oreilles. Le lion se prêtant à ses jeux baissa la tête, et fit entendre de sourds rugissemens. Cependant ce chien si complaisant et si hardi portoit à son côté une cicatrice toute rouge, qu'il léchoit de temps en temps, et qu'il sembloit nous montrer comme les effets d'une amitié trop inégale. J'admirois la gaieté franche du chien sans rancune et sans méfiance auprès de son redoutable ami, après une si cruelle injure. Cependant les caprices, l'humeur, les premiers mouvemens, sont plus rares et ont des suites moins dangereuses dans leur société que dans la plupart de celles des hommes. Le lion se livre très-rarement à la colère envers son compagnon. On nous assura qu'il l'invitoit souvent à se jouer, en se mettant sur le dos les pattes en l'air, et le serrant entre ses bras.

Tel est l'état où nous avons trouvé la ménagerie. Cependant, qui le croiroit? ce petit nombre d'animaux venus de si loin, si curieux et si intéressans, ne nous ont été offerts que pour en faire des squelettes. M. Laimant, son concierge actuel, nous dit que depuis la révolution toute la ménagerie avoit été pillée ; qu'on en avoit enlevé un Dromadaire, cinq espèces de Singes, et une foule d'oiseaux dont la plupart avoient été donnés à l'écorcheur, faute de moyens pour les nourrir. Il nous fit ce récit les larmes aux yeux ; car, indépendamment du zèle qu'il a pour cet établissement qu'il dirige depuis vingt ans, il est père de six petits enfans charmans, auxquels il ne pourra donner de pain lui-même par la destruction de sa place.

Le raisonnement le plus spécieux employé pour l'anéantissement total de la ménagerie, c'est que ces animaux ne servent à rien, qu'ils sont dangereux dans une ville, sur-tout les carnassiers, et qu'ils sont coûteux à nourrir.

Si nous portons la parcimonie sur de si petits objets, que dirons-nous aux puissances d'Afrique et d'Asie qui, de temps immémorial, ont coutume de nous faire des présens d'animaux? Les tuerons-nous pour en faire des squelettes? ce seroit leur faire injure. Les refuserons-nous, en leur disant que nous n'avons plus de quoi les loger ni les nourrir? Nos relations politiques nécessitent donc l'existence d'une ménagerie. Si elle a été jusqu'à présent un établissement de faste, elle cessera de l'être, quand elle sera placée dans un lieu destiné à l'étude de la nature. Nous proposerons des moyens d'économie en parlant de son établissement: auparavant, occupons-nous de son utilité.

Une ménagerie est donc nécessaire aux bienséances et à la dignité de la nation. Elle l'est essentiellement à l'étude générale de la nature, comme nous l'avons déja dit. Elle ne l'est pas moins à celle des arts libéraux. Des dessinateurs et des peintres viennent, chaque jour, au jardin national, pour y dessiner des plantes étrangères, lorsqu'ils ont à représenter des sites d'Asie, d'Afrique et d'Amérique. Les animaux des mêmes climats leur seront aussi utiles ; ils en étudieront les formes, les attitudes, les passions. Ils en ont déja, dira-t-on, des modèles en plâtre. Mais d'après quel plâtre Puget a-t-il sculpté le lion dévorant qui déchire les muscles de Milon de Crotone? Artistes, poëtes, écrivains, si vous copiez toujours, on ne vous copiera jamais. Voulez-vous être originaux, et fixer l'admiration de la postérité sur vos ouvrages? n'en cherchez les modèles que dans la nature.

Une ménagerie sera utile à Paris, en y attirant des curieux. Ceux qui veulent achalander une foire y apportent des animaux étrangers, et la partie où on les montre en est la plus fréquentée. C'est une curiosité naturelle à tous les hommes. Si les monumens morts des arts illustrent une capitale et y appellent les voyageurs, les monumens vivans de la nature sont bien plus dignes de leurs regards. Une statue égyptienne nous donne quelque perception de l'Afrique, de ses arts imparfaits et de ses peuples passagers; mais le noir basalte ou le porphyre sanglant dont elle est formée, nous présente une idée de ses tristes rochers, la raquette hérissée d'épines et l'aloès férox maculé de sang qui les couronnent, nous offrent une image encore plus vive de ses sites barbares; et le lion fauve qui naquit dans leurs cavernes, aux pattes armées de griffes, à la voix rugissante, nous imprime des sensations bien plus profondes de ses solitudes redoutables, que ses sombres fossiles et ses végétaux épineux. Le philosophe cherche par quelle loi un animal renforce son caractère indomtable dans l'esclavage, tandis que le nègre son compatriote, et bien souvent le blanc, ont dégradé celui de l'homme au sein même de la liberté.

Les animaux féroces, dit-on, sont dangereux dans une ville, parce qu'ils peuvent venir à s'échapper. C'est une bien foible objection contre l'établissement d'une ménagerie. On ne l'a jamais employée contre ceux qu'on amène journellement aux foires et sur les boulevards de Paris. On ne voit point qu'il s'en échappe aucun, quoiqu'ils ne soient renfermés que dans de mauvaises cages de bois mobiles: comment donc pourroient-ils le faire dans les loges solides et bien grillées d'une ménagerie, où ils ont de plus des cours particulières? D'ailleurs, quand cet accident est arrivé, il n'en est résulté aucun malheur. Une bête féroce dans les rues d'une ville, est aussi étonnée à la vue du peuple, que le peuple l'est à la vue de la bête féroce: ses gardiens la reprennent aisément. C'est ce qui arriva il y a quelques années en Angleterre, lorsqu'une hyenne sortit de sa cage en la débarquant d'un vaisseau.

Il est très-remarquable que la solitude renforce le caractère de tous les êtres, et que la captivité l'aigrit. Cette observation a fait conclure à l'Anglais

geuses. On peut peut-être encore adoucir leur naturel carnassier, en les nourrissant de végétaux. C'est peut-être à cette nourriture qu'on doit attribuer la douceur des tigres en Egypte, cette terre si abondante en fruits spontanés. L'étude suivie de leurs mœurs dans une ménagerie, peut donc procurer de grandes lumières à la philosophie, et des avantages même à l'économie rurale.

D'après l'utilité qu'on peut tirer des animaux carnassiers, il n'est pas nécessaire de s'étendre sur celle qui peut résulter des pâturans et des granivores. On peut donner au Bubale et au grand pigeon de Banda des femelles de leur pays. A leur défaut on peut les croiser avec des espèces domestiques, et se procurer des races distinguées par leur grandeur ou leur légèreté. Le Coûagga est hongre, et le Rhinocéros est d'une taille trop démesurée. Cependant Chardin dit qu'il est dans un état de domesticité en Ethiopie, et que les habitans s'en servent pour labourer leurs terres. Quoi qu'il en soit, ce n'est que dans des ménageries qu'on est parvenu à naturaliser les premiers animaux dont les postérités peuplent nos campagnes, et en croisant leurs races qu'on s'est procuré des variétés utiles dans leurs espèces. Tels ont été les diverses espèces de chevaux, de bœufs et de brebis; l'âne, qui nous a donné ensuite le mulet, tous deux étrangers encore aux pays du nord ; la poule-d'inde, la pintade, les diverses espèces de pigeons, le canard de Barbarie, les variétés si nombreuses de nos poules domestiques, le faisan et beaucoup d'autres animaux venus originairement de l'Asie, de l'Afrique et de l'Amérique, et qui étoient aussi étrangères à notre climat, que la vigne, le figuier, le mûrier, le cerisier, l'olivier, la pomme de terre, et la plupart de nos arbres fruitiers, de nos légumes et de nos fleurs. Les mêmes contrées qui nous ont donné tant d'arbres qui enrichissent nos métairies et décorent nos jardins, nourrissent des quadrupèdes et des oiseaux dont nous pouvons peupler nos basses-cours et nos bosquets. Le règne animal renferme encore plus de familles que le règne végétal ; et si nous avons naturalisé plus de végétaux que d'animaux, c'est que l'éducation des premiers est bien plus aisée que celle des seconds. On ne transporte pas, d'un bout du monde à l'autre, des quadrupèdes comme des plantes, ni des œufs comme des graines. Ces voyages, ces nourritures, ces premières éducations qui demandent tant d'expérience, sont au-dessus des moyens et du savoir de la plupart des hommes ; il n'y a qu'une nation riche qui puisse faire ces entreprises dispendieuses, et des naturalistes qui soient capables de les exécuter. Une ménagerie n'est donc pas moins intéressante qu'un jardin pour l'économie rurale, sur-tout dans un lieu destiné à l'instruction publique.

Ces deux établissemens réunis se prêteront mutuellement des lumières. On y étudiera les rapports des animaux avec les plantes qui leur sont compatriotes : ce n'est que par cette double harmonie qu'on peut les naturaliser. Nous verrions le castor se loger sur le bord de nos rivières s'il y trouvoit encore des peupliers, et la renne paître dans nos montagnes à glace si son lichen y étoit abondant. On peut offrir sans frais, dans les serres chaudes du jardin, aux animaux délicats les températures et les plantes de leur pays. Ils oublieront leur captivité à la vue des végétaux qui les ont vus naître, et se livreront aux amours par les douces illusions de la patrie. On y verroit le colibri et l'oiseau-mouche faire leurs nids dans les feuillages des orangers et des bananiers. Plusieurs espèces de vers à soie de la Chine fileroient leurs cocons dorés sur son murier, et la cochenille du Mexique couvriroit de sa postérité pourprée les feuilles du nopal. C'est par des moyens semblables que déja des curieux sont venus à bout de multiplier des ouistitis, des bengalis, des perroquets.

Que

Que sait-on si ces espèces utiles ou charmantes ne peupleront pas un jour nos bocages ? Plusieurs d'entr'elles, même des colibris, se sont répandues des contrées chaudes de l'Amérique dans celles qui sont plus froides que la France. Il en est de même des transmigrations des plantes. La nature ne les opère que par degrés ; l'art doit l'imiter. La poule d'inde et le faisan ont vécu dans nos ménageries avant de paître dans nos campagnes ; le figuier et la vigne même ont végété dans nos serres avant de tapisser nos collines. Peut-être un jour les îles Antilles recevront le nopal chargé de cochenilles, du même établissement pour lequel je sollicite une ménagerie, comme elles ont reçu de son jardin l'arbre du café. Oh ! que d'industrie et de jouissances y apportera un jour la liberté des blancs, lorsqu'ils y auront détruit l'esclavage des noirs !

Je ne parlerai point de l'utilité réciproque d'une ménagerie et d'un jardin pour nos animaux domestiques.

C'est là où on peut essayer divers fourages nouveaux, croiser les races des chevaux, des taureaux, des béliers, etc. étudier leurs maladies auxquelles la médecine vétérinaire n'offre souvent, comme la nôtre à nous-mêmes, que des remèdes incertains. Le jardin renferme dans ses nombreux végétaux mille vertus à découvrir ; elles n'y dépendront point des conjectures trompeuses des savans : le docteur y recevra des leçons de la bête. La science de l'homme n'est infaillible que quand elle s'appuie de l'instinct des animaux. (*Voyez à la fin, note seconde.*)

On peut élever encore des poissons, des coquillages, et même des amphibies dans la grande pièce d'eau du jardin qui est au niveau de la Seine, et qui hausse et baisse avec ses eaux. Je ne prétends pas réunir dans une ménagerie toutes les espèces d'êtres vivans ; mais, comme elle est destinée à l'étude de la nature, au moins on doit y enseigner les élémens des sciences naturelles, et y former des naturalistes dans tous les genres, des icthyologistes, des conchyliologistes, etc.

Nous avons négligé la plus vaste et la plus savante partie de l'histoire naturelle, celle des eaux. C'est dans les eaux, et sur-tout dans celles de l'Océan, que sont les lois primordiales du globe. L'Océan en est le premier et le dernier laboratoire. C'est dans son sein que se sont formées les roches calcaires, les marbres, et peut-être les métaux qui en composent la surface; dans ses courans, les plaines qui l'ont nivelée et les vallons qui l'ont sillonnée; dans ses évaporations, les vents et les pluies qui la fécondent; dans ses zones, les bains tièdes qui la réchauffent, les glaces qui la rafraîchissent, et peut-être de leur fonte semi-annuelle les mouvemens alternatifs de pondération qui lui donnent les saisons. C'est encore l'Océan qui reçoit ses débris. Les pluies y retournent en fleuves, les roches en sables, les végétaux et les animaux en bitumes et en soufres, entretiens perpétuels des volcans, qui fournissent à leur tour des élémens nouveaux au cercle éternel de la vie et de la mort.

Les naturalistes ont divisé l'histoire naturelle en trois règnes, mais ils n'ont guères parlé que de ceux de la terre. L'Océan a pour ainsi dire ses règnes à part, qui ne ressemblent pas plus à ceux de la terre que l'eau ne ressemble à l'humus, le madrépore à l'arbre, le poisson au quadrupède. Là, sont d'autres effets, et peut-être d'autres lois du mouvement, de la végétation et de la vie. Là, les corps au lieu de tomber perpendiculairement, circulent horizontalement; les végétaux sont pierreux, et se reproduisent sans fleurir; là, les animaux n'ont point de sang, et se multiplient sans s'accoupler : je parle de ceux qui appartiennent en propre aux eaux. L'Océan a des espèces analogues aux végétaux et aux animaux de la terre; mais il en a un grand nombre qui ne sont qu'à lui, et dont les individus sont innombrables. Pour s'en convaincre, il n'y a qu'à lire l'histoire de ses pêches. Celle d'un seul poisson, tel que le hareng, fait la richesse de plusieurs nations. L'histoire naturelle doit donc s'occuper des productions d'un élément qui procure tant d'avantages aux hommes. Les pêches sont des moissons où il n'y a rien à semer, et où tout est à recueillir.

Les productions des eaux, plus gratuites que celles de la terre, n'offrent pas moins de spéculations aux mécaniques et à la philosophie qu'à l'économie politique. L'homme si vain de son savoir, a tiré la plupart des idées mères de toutes ses inventions, des animaux de la terre, et sur-tout des insectes, qui maçonnent, filent, tissent, collent, scient, liment, percent, font du papier, etc. mais il a fort peu profité de ceux des eaux. Quoiqu'il s'élève aujourd'hui dans la région du tonnerre, au moyen d'un ballon rempli d'air inflammable, l'aigle ne lui montrera peut-être jamais à y voler; mais le poisson peut lui apprendre à y voguer.

La forme carenée des poissons, leurs nageoires, leurs queues, ont déja servi de patrons à la coupe, aux rames et au gouvernail de ses barques; mais son imitation est encore bien imparfaite. Une barque avance avec ses rames ; mais combien de poissons nagent beaucoup plus vîte par le seul mouvement de leur queue ? Ne pourroit-on pas construire un bateau d'une matière plus souple que le bois, de forme alongée comme un poisson, qui vogueroit comme lui par le seul mouvement de son gouvernail ? Nos marins se servent quelquefois de ce moyen lorsqu'ils font avancer un bateau, en plaçant à son arrière une rame qu'ils font mouvoir à droite et à gauche; mais ce levier étant trop court, et de plus oblique à l'horizon, son mouvement d'ondulation ne produit que peu d'effet.

Il me reste à répondre à quelques objections qui m'ont été faites par des botanistes même, sur l'établissement d'une ménagerie d'animaux au jardin des plantes. Ils veulent qu'on dissèque ceux de Versailles, et qu'on les place au cabinet. « Il suffit, disent-ils, « d'étudier les animaux morts, pour « connoître suffisamment leurs genres « et leurs espèces. » Ceux qui n'ont étudié la nature que dans des livres, ne voient plus que leurs livres dans la nature : ils n'y cherchent plus que les noms et les caractères de leurs systêmes. S'ils sont botanistes, satisfaits d'avoir reconnu la plante dont leur auteur leur a parlé, et de l'avoir rapportée à la classe et au genre qu'il leur a désigné, ils la cueillent, et l'étendant entre deux papiers gris, les voilà très-contens de leur savoir et de leurs recherches. Ils ne se forment pas un herbier pour étudier la nature, mais ils n'étudient la nature que pour se former un herbier. Ils ne font de même des collections d'animaux que pour remplir leur cabinet, et connoître leurs noms, leurs genres et leurs espèces.

Mais quel est l'amateur de la nature qui étudie ainsi ses ravissans ouvrages ? Quelle différence d'un végétal mort, sec, flétri, décoloré, dont les tiges, les feuilles et les fleurs s'en vont en poudre, à un végétal vivant, plein de suc, qui bourgeonne, fleurit, parfume, fructifie, se ressème, entretient mille harmonies avec les élémens, les insectes, les oiseaux, les quadrupèdes, et, se combinant avec mille autres végétaux, couronne nos collines ou tapisse nos rivages !

Peut-on reconnoître la verdure et les fleurs d'une prairie dans des bottes de foin, et la majesté des arbres d'une forêt dans des fagots? L'animal perd par la mort encore plus que le végétal, parce qu'il avoit reçu une plus forte portion de vie. Ses principaux caractères s'évanouissent. Ses yeux sont fermés, ses prunelles ternies, ses membres roides ; il est sans chaleur, sans mouvement, sans sentiment, sans voix, sans instinct. Quelle différence avec celui qui jouit de la lumière, distingue les objets, se meut vers eux, aime, appelle sa femelle, s'accouple, fait son nid, élève ses petits, les défend de ses ennemis, étend ses relations avec ses semblables, et enchante nos bocages ou anime nos prairies ! Reconnoîtriez-vous l'alouette matinale et gaie comme l'aurore, qui s'élève en chantant jusque dans les nues, lorsqu'elle est attachée par le bec à un cordon ; ou la brebis bêlante et le bœuf laboureur, dans les quartiers sanglans d'une boucherie? L'animal mort le mieux préparé, ne présente qu'une peau rembourrée, un squelette, une anatomie. La partie principale y manque ; la vie qui le classoit dans le règne animal. Il a encore les dents d'un loup, mais il n'en a plus l'instinct, qui déterminoit son caractère féroce, et le différencioit seul de celui du chien si sociable. La plante morte n'est plus végétal, parce qu'elle ne végète plus ; le cadavre n'est plus animal, parce qu'il n'est plus animé : l'une n'est qu'une paille, l'autre n'est qu'une peau. Il ne faut donc étudier les plantes dans les herbiers et les animaux dans les cabinets, que pour les reconnoître vivans, observer leurs qualités, et peupler de ceux qui sont utiles nos jardins et nos métairies.

« Les animaux étrangers, ajoute-t-on, « perdent leurs caractères dans la cap- « tivité; et il n'y a que des voyageurs « qui, allant dans leur pays, puissent les « connoître dans leur état naturel : » en conséquence, on propose d'employer les fonds que je sollicite pour une ménagerie nationale, à faire voyager des zoologistes.

Si les animaux perdent leur caractère par la captivité, ils le perdent bien davantage par la mort. A quoi donc serviroient les voyages des zoologistes qui n'iroient nous chercher que leurs peaux ou leurs squelettes?

Si une ménagerie affoiblit le caractère des animaux en les captivant, autant en fait une serre chaude de celui des plantes; car un palmier y est aussi captif dans son caisson qu'un rhinocéros dans sa loge. Il y a plus, c'est que l'animal dégénère beaucoup moins en captivité que le végétal. Certainement le bambou, le café, les palmiers de nos serres, sont plus petits et plus rachitiques, que les autruches, les lions et les autres animaux des mêmes climats qu'on amène en Europe, parce que ceux-ci ont pour l'ordinaire toute leur crue lorsqu'on les envoie, et qu'il est plus aisé de leur procurer les alimens qui leur conviennent qu'aux végétaux, le sol et les températures dont ils ont besoin. Cependant concluroit-on de la dégénération des plantes étrangères dans nos serres chaudes, qu'il faut les supprimer, et envoyer les botanistes voyager en Asie, en Afrique et en Amérique, pour nous les faire connoître en Europe? Mais en a-t-on jamais fait voyager uniquement pour chercher des herbiers? n'attend-on pas d'eux, au contraire, qu'ils ne nous apporteront des plantes mortes que quand ils ne pourront nous les donner vivantes? ne leur recommande-t-on pas d'en recueillir les graines, afin de les semer chez nous? ne sont-ce pas eux qui ont peuplé le jardin national d'une foule de végétaux agréables ou utiles, qui de là se sont répandus dans nos jardins et dans nos campagnes? Quels avantages retirerons-nous donc des voyages des zoologistes, s'ils ne nous apportent jamais que des animaux morts? Que feroient-ils d'ailleurs des vivans, puisque la nation n'aura pas de ménagerie pour les recevoir? Ils étudieront leurs mœurs, dit-on, et nous en apporteront des descriptions exactes; ils nous en feront des dessins. Ils en jouiront donc seuls en réalité, tandis que la nation qui les paie n'en aura que les images. Mais à quoi nous servira de les connoître morts, si jamais nous ne devons les voir vivans? Après tout, je voudrois bien savoir comment des zoologistes peuvent connoître à fond les animaux sauvages d'un pays, dont au bout du compte ils ne veulent avoir que les peaux? comment étudieront-ils leurs mœurs, s'ils ne les observent qu'en les couchant en joue? Ils ne les verront jamais que fugitifs et tremblans. Iront-ils, avec toute leur bravoure, au sein des déserts, examiner le lion dans sa caverne, et le rhinocéros dans son marais ? Au moins l'animal, au pouvoir de l'homme, montre encore son instinct ; s'il s'altère par les mauvais traitemens, il semble se perfectionner par les bienfaits. Le lion s'associe un ami dans les fers ; et le rhinocéros, sortant de sa bauge, vient à travers ses barreaux mendier des caresses à la main qui le nourrit.

Nos naturalistes voyageront-ils donc toujours en chasseurs ? Il fut un temps où l'homme parcouroit la terre sans se faire craindre des animaux et sans les craindre ; ils reconnoissoient en lui l'empreinte auguste que lui a donnée l'Auteur de la nature. Les plus forts le regardoient avec respect, et les plus foibles se mettoient sous sa protection. Les histoires des anciens solitaires de l'Egypte, des brames de l'Inde, des santons de l'Afrique, ont là-dessus des traditions uniformes ; on les retrouve dans les voyageurs les plus dignes de foi. Cook raconte qu'il a marché souvent, dans les îles inhabitées de l'hémisphère sud, au milieu des pingouins, des phoques et des lions marins, sans qu'aucun de ces animaux s'effrayât à sa vue ; ils s'approchoient même de lui et l'observoient avec curiosité. Le voyageur jouit d'une semblable confiance sur l'île déserte de l'Ascension ; j'y ai traversé des légions de frégates et de foux perchés sur leurs rochers, sans qu'aucun d'eux se dérangeât de dessus son nid ou d'auprès de sa femelle. J'ai été témoin d'un semblable spectacle sur les rivages habités du Cap de Bonne-Espérance, couverts d'oiseaux marins qui viennent se reposer jusques sur les chaloupes. J'y ai vu, près de la douanne, un pélican jouer avec un gros chien. Quels seroient les plaisirs et les découvertes d'un amateur de la nature qui voyageroit dans des pays inhabités, sans armes et sans d'autres instrumens que ses yeux et son cœur ! Il jouiroit des instincts variés de tous les animaux qui s'abandonneroient sans méfiance à ses observations, comme aux premiers temps du monde ; il apercevroit du moins quelques chaînons des relations que la nature avoit établies dans la chaîne des êtres sensibles avec l'homme même, et qu'il a le premier rompue par ses armes foudroyantes. C'est encore dans les solitudes du Cap de Bonne-Espérance, que le Hottentot voit l'*oiseau de miel* venir au-devant de lui, lui annoncer par son vol terre à terre et par ses cris répétés, la découverte d'une ruche dont il lui demande sa part. C'est sur cette même terre hospitalière aux animaux innocens, que j'ai vu, près de moi, un autre oiseau, l'*ami du jardinier,* dépouiller une haie d'insectes, et les accrocher à des épines. C'est à l'humanité des peuples sauvages que les animaux découvrent encore leurs instincts, qu'ils cachent à la barbarie des peuples policés. Que d'harmonies touchantes ont été rompues dans nos propres climats par nos naturalistes meurtriers ! On doit sans doute beaucoup de dépouilles d'animaux à nos savans chasseurs; mais la connoissance de leurs mœurs appartient à des bergers et à des sauvages. Ce n'est plus que dans des déserts ou chez des peuples humains, que l'animal sans expérience voit l'Européen sans inquiétude, et dans le besoin se met sous sa protection; par-tout ailleurs il le fuit comme un tyran.

Une ménagerie bien dirigée peut nous donner encore une image de ces antiques correspondances des animaux avec l'homme. Le cabinet ne nous présente guères que ceux auxquels il a arraché la vie par violence: la ménagerie peut nous montrer ceux à qui il la conserve par ses bienfaits. Cette école, nécessaire à l'étude des lois de la nature, peut devenir intéressante pour celle de la société, et influer sur les mœurs d'un peuple dont la férocité à l'égard des hommes commence souvent son apprentissage par celle qu'il voit exercer sur les animaux.

Cette ménagerie coûtera, dit-on,

beaucoup plus que le jardin, parce que les animaux consument plus que les plantes. Mais les plantes qui sont dans les serres chaudes coûtent beaucoup de bois et d'entretien : il leur faut des engrais, des terres de fougères, des caissons, des paillassons, des vitres. Je conviens cependant que les animaux consumeront davantage ; mais il ne sera pas nécessaire de se procurer toutes les familles de ceux qui sont connus, on ne s'attachera qu'à avoir les plus utiles. Quant à ceux qu'on nous offre aujourd'hui, comme on nous les donne, l'achat n'en coûtera rien. Leur nourriture n'est pas dispendieuse : le Bubale, le Coûagga, le Rhinocéros, vivent de foin, d'un peu d'avoine et de son : le Lion mange par jour six livres de viande de basse boucherie ; et le Chien son ami, six livres de pain par semaine. On peut nourrir le Lion, à meilleur marché, avec des équarrissages de chevaux. Leur logement sera de peu de dépense : M. Laimant, concierge de la ménagerie, nous a promis les grilles, les palissades et les charpentes de leurs loges : M. Couturier, régisseur général des domaines de Versailles, et rempli d'ardeur pour le bien public, s'est chargé de les faire transporter sans frais, ainsi que les animaux, ayant à sa disposition un grand nombre de chevaux de trait. Enfin, pour comble de facilité, il y a sur la rue de Seine un terrain, ci-devant aux Nouveau-Convertis, qui appartient à la nation, et qui est enclavé dans le jardin des plantes : il contient des bâtimens considérables, qui n'ont besoin que de quelques cloisons; et il y a, de l'autre côté de la rue, la fontaine Saint-Victor, d'où il est facile de dévoyer de l'eau vive pour les besoins de ces animaux. (*Voyez à la fin, note troisième.*)

Il ne s'agit donc plus que de fixer une somme annuelle pour leur établissement et leur nourriture, et pour les gages du portier, du gardien, du concierge, du professeur, etc. Quoique cette évaluation ne soit pas de mon ressort, je l'estime à vingt mille livres. La dépense du cabinet, du jardin, de ses professeurs, jardiniers, portiers, garde-bosquets, a été portée cette année à cent mille livres ; l'année précédente on avoit demandé cent seize mille, sans rien ajouter à l'instruction publique : moyennant cent vingt mille livres, cet établissement aura un cours complet d'histoire naturelle, et donnera des naturalistes, des plantes et des animaux utiles aux quatre-vingt-trois départemens de la France, et même aux pays étrangers. Le jardin seul fournit annuellement douze à quinze mille plantes ou paquets de graines pour cet objet. Il faut semer avant de recueillir, et les plus beaux fruits d'une dépense nationale sont les lumières ; elles illustrent seules les capitales. Colbert attiroit à Paris des étrangers par des fêtes qu'il donnoit à Louis XIV ; une nation libre doit les y appeler par des écoles utiles qu'elle ouvre au genre humain. Des villes entières, comme Athènes, et quelques autres de nos jours, ont dû leur principal revenu à des établissemens d'instruction publique. Quelle étude est plus digne de l'homme que celle de la nature, d'où émanent toutes les sciences et tous les arts!

J'ai indiqué des moyens d'économie pour la formation d'une ménagerie. On peut les étendre jusqu'aux professeurs même. J'ajouterai donc ici quelques réflexions qui pourront servir à l'organisation future des écoles publiques, et résoudre la grande question déja agitée, si l'instruction nationale doit être gratuite?

La patrie doit former des citoyens: elle leur doit donc les premières leçons de la morale. Une mère ne vend point son lait à ses enfans; elle leur apprend de même sans argent, mais non sans intérêt, à aimer, à parler, à marcher: mais les enfans, devenus des hommes, doivent pourvoir à leur tour à leurs besoins et à ceux de leur mère. Ceci posé, la patrie, cette mère commune, doit fonder gratuitement les écoles qui doivent former les corps des enfans par les exercices militaires, et leur cœurs par ceux de la morale, cette gymnastique de l'ame. C'est à elle à leur apprendre à en puiser les sentimens dans ses lois, et à les exprimer par l'écriture, ce lien universel d'une société civilisée. Mais, devenus des hommes, c'est à eux à s'appliquer suivant leur goût aux différens arts qui mènent à la fortune : ils peuvent devenir à leur gré, marchands, fabricans, potiers, docteurs ; il suffit que la patrie en fasse des citoyens.

On ne doit pas plus payer avec de l'argent les premières leçons du civisme, que celles de l'amitié, de l'amour et de la vertu. J'en conclus donc que les écoles primaires où l'on doit enseigner les premiers devoirs de la morale doivent être gratuites, mais que les écoles secondaires où on apprendra les sciences, les arts et les métiers, doivent être payées. Ces conséquences sont dans la nature. Tout ce qui ramène les hommes aux lois naturelles doit être donné gratuitement, comme les élémens même de la nature ; mais tout ce qui rapporte de l'argent dans la société, doit coûter de l'argent. Cependant, comme les sciences et les arts ont leurs principes dans la nature et leurs résultats dans la société, j'en conclus que leurs professeurs, sur-tout ceux des sciences naturelles, doivent être payés en partie par la nation, en partie par leurs élèves : par la nation, qui doit choisir dans tous les genres les hommes les plus habiles pour en former des pépinières de savans et d'artistes ; et par leurs élèves, qui doivent en recueillir du lucre dans les diverses conditions de la vie. Il en résultera à la fois plus de zèle de la part des professeurs, et plus d'application de celle des étudians. La plupart des hommes n'estiment que ce qui leur rapporte ou leur coûte de l'argent. Peu de gens admirent le soleil, qui répand gratuitement des océans de lumière ; mais tout un peuple court les rues la nuit pour voir une illumination de lampions, et en fait d'autant plus de cas qu'elle a plus coûté. Ainsi sentent la plupart des hommes, les savans comme les ignorans. Il ne faut donc pas douter que le zèle des professeurs ne redoublât par l'intérêt attaché à leurs leçons, et n'attirât beaucoup d'étrangers à Paris pour les entendre. Nous en trouverions beaucoup d'exemples chez les Grecs et chez les Romains, parmi ceux même qui enseignoient la philosophie. Cet usage subsiste en Danemarck et en Suède parmi les professeurs d'histoire naturelle, et il y a peu de royaumes qui fournissent plus de naturalistes. Le fameux Linnæus étoit payé par ses écoliers. Enfin les conditions de la vie les plus honorées se font payer chez nous par le public et les particuliers, jusqu'à celles qui rendent la justice et desservent les autels.

Tout nécessite donc l'établissement d'une ménagerie au Jardin des Plantes, et tout y est favorable : le besoin de placer dans un lieu destiné à l'étude de l'histoire naturelle le règne le plus intéressant de la nature;

les avantages qui en résulteront pour le progrès des arts, des sciences, de l'économie rurale et de la philosophie même ; nos relations politiques avec les puissances étrangères ; l'intérêt de la capitale ; la nécessité urgente de recueillir les débris de la ménagerie de Versailles ; la facilité de les transporter à Paris, et d'acquérir, sans bourse délier, un terrain et des bâtimens enclavés dans le jardin des plantes, et voisins d'une fontaine.

Ministres honorés de la confiance de la Nation ; Sections de Paris, si zélées pour la gloire de votre ville ; Citoyens éclairés qui étendez vos lumières économiques à tout son département, prenez en considération un établissement qui doit illustrer la capitale et éclairer toutes les parties du corps politique : attachez-les au centre commun de la patrie par les liens de la reconnaissance. Vous voulez former avec eux une république indissoluble ; il n'y en a point de plus ancienne et de plus durable que celle des lumières : elle seule nous lie avec tous

tous les peuples de l'univers, avec ceux qui ne sont plus, comme avec ceux qui doivent venir un jour : c'est dans la nature qu'il faut en chercher les lois; la nature seule rapproche par ses bienfaits les hommes que les religions et le patriotisme ont divisés.

C'est à vous que je m'adresse, illustres Membres de la Convention Nationale, au nombre desquels j'ai eu l'honneur d'être appelé. Si ma santé ne m'a pas permis de m'associer à vos pénibles travaux qui ont pour but de régénérer les hommes, délassez-vous en favorisant les miens qui ont pour objet de répandre sur eux les bienfaits de la nature. Ne permettez pas que je sois obligé de solliciter sous le régime de la liberté, de foibles secours pour porter à sa perfection un établissement entrepris avec magnificence sous celui du despotisme. Que j'aie la gloire d'achever auprès des Représentans de la Nation ce que Buffon avoit desiré sous les ministres de la cour. Sa place honorable m'a été donnée, sans que je l'aie demandée. Elle m'attirera l'envie, si vous ne me faites faire un essai heureux de mon crédit. Secondez-moi de votre faveur dans votre assemblée, comme je vous ai secondés de mes vœux dans ma solitude. J'ai perdu dans la révolution presque tout mon foible revenu : je n'en ai rien redemandé aux Représentans de la patrie ; je n'ai été sensible qu'à leurs efforts pour réparer ses maux. Ce n'est donc pas pour moi que je m'adresse à vous ; c'est pour elle ; c'est pour vous-mêmes. Mais ce n'est pas à ma voix que vous devez vous rendre ; c'est à celle du peuple. De tous les établissemens nationaux, celui du Jardin des Plantes est le seul qu'il ait respecté, parce qu'il est le seul à son usage, qu'on y donne des herbes médicinales à ses maux, et que c'est là que viennent s'instruire les savans qui doivent les soulager. Votre bienfaisance pour des écoles qui lui sont chères, accroîtra sa confiance en vous. Il sentira que, malgré les frais qu'entraînent les arts destructeurs de la guerre, vous savez pourvoir aux arts réparateurs de la paix. Louis XIV, dans des circonstances aussi embarrassantes que celles où vous vous trouvez, entreprenoit des monumens fastueux : achevez ceux qui sont utiles. Il s'y faisoit représenter en Apollon, en Mars, en Jupiter. Faites pour la patrie une partie de ce qu'il a fait pour sa gloire ; le peuple vous regardera comme des dieux qui d'une main lancent la foudre, et de l'autre versent les fertiles rosées.

NOTES.

(1) J'emploie l'expression de *règne fossile*, au lieu de celle de règne minéral dont se servent les savans; mais comme les ignorans, desquels je suis et pour lesquels j'ecris, entendent par minéral seulement ce qui concerne les mines, j'ai cru que le mot de fossile seroit plus étendu et mieux entendu. Le mot de fossile vient de *fosse*, et s'applique à tout ce qui se fouit ou se fouille; il désigne donc tout ce qui est dans la terre, de quelque nature qu'il soit, mine, sable, pierre ou terre. Il a donc plus d'analogie avec le végétal dont il est immédiatement la base. Les hommes ne sont curieux que de ce qu'ils ne voient pas et n'entendent pas: ils creusent les montagnes pour y chercher des minéraux; ils pourroient trouver des trésors dans les fossiles de sa surface. J'ai vu un jour près des boulevards, semer des haricots dans des débris de plâtras, dont on avoit comblé un terrain; ils y réussirent à merveille. J'ai souvent vu, dans des chantiers de pierre, venir abondamment des orties et de vigoureuses malvacées. Ne pourroit-on pas faire de semblables essais sur des terrains de diverses natures? Le plus ingrat me paroît propre à produire quelque chose: il croît des plantes jusques sur nos murs. Le règne fos-

sile peut présenter des vues neuves et plus intéressantes pour l'économie rurale que le règne minéral. Les relations du règne fossile avec le végétal ne sont pas moins utiles à connoître, que celles du végétal avec l'animal : ce sont les trois étages du palais de la nature ; nous ne pourrons le connoître qu'en étudiant son ensemble. Nos sciences isolées ne nous en montrent que des cabinets.

(2) Avant de faire imprimer ce Mémoire, je l'ai lu à plusieurs de mes savans collègues, et j'avoue que leur suffrage m'a fait le plus grand plaisir ; mais aucun ne m'en a fait autant que celui de M. Daubenton, si connu par ses succès dans l'économie rurale, où il est parvenu à nous procurer des races de moutons dont les laines sont aussi fines que celles d'Espagne. J'ai été charmé que ma theorie sur l'etablissement d'une ménagerie servant à l'instruction publique, fût parfaitement d'accord avec sa longue expérience, et que mes vues fussent précisément les mêmes que celles qu'il a eues pour l'école vétérinaire d'Alfort, près Paris. Voici le résumé d'un discours manuscrit qu'il m'a communiqué, et qu'il a prononcé à l'ouverture des cours de cette école.

Apres avoir dérivé, d'après Pline et Columelle, le nom de vétérinaire, de *veterina*, sous lequel les Romains comprenoient le cheval, l'âne, le mulet et le bœuf, qui sont des bêtes de charge et de trait, ainsi que les hommes qui les conduisoient et les soignoient en état de santé, M. Daubenton étend cette dénomination « à tous les animaux domestiques utiles à l'homme, de « quelque genre qu'ils soient, quadrupèdes, « oiseaux, poissons, insectes. » Il résulte donc de ses observations, qu'on peut croiser en France les races du chien, du loup et du renard, ainsi que celles des autres animaux carnassiers, « qui ne sont point, » dit-il, féroces par nature. Ils ne fuient « l'homme que par crainte, et ils ne dévo- « rent les animaux que par besoin. Si l'on « fait cesser ces deux causes, en accoutumant « les animaux farouches à la présence de « l'homme, et en donnant des alimens aux « animaux féroces, on les rendra aussi trai- « tables que nos animaux domestiques. » Il présume cependant que ce ne peut être qu'après quelques générations. Il cite en exemple notre chat domestique, qui est de l'espèce du tigre. Il croit qu'il est très-possible d'amener à l'état de domesticité, les cerfs, les daims, et sur-tout les chevreuils; et dans les animaux étrangers, le zèbre d'Afrique pour le trait ou pour la selle. L'Amérique offre à nos troupeaux et à nos garennes le tapir, le pécari, le cariacou, le paca, l'agouty, l'akouchi et le tatou, renommés par l'excellence de leurs chairs.

Il passe ensuite aux oiseaux. Il cite, d'après Varron et Columelle, les grives, les cailles, les sarcelles dont les Romains faisoient de nombreuses volières. Il prétend que le coq et la poule se trouvent sauvages dans les Indes orientales, et propose d'agréger à leur domesticité dans nos basses-cours, l'outarde, la cannepétière, le rouge, le pilet, le faisan de montagne, le coq de bruyère. Il cite la tadorne qui y a produit avec la canne domestique des métis d'une très-bonne espèce, le dindon d'Amérique et le faisan de la Colchide, adoptés par notre économie rurale et inconnus à celle des Romains. Il propose de joindre à ces familles apprivoisées le hocco, gros oiseau de l'Amérique méridionale; le marail de la Guyane, plus délicat que le faisan; le camoucle des mêmes contrées, plus gros et plus charnu que le dindon; le cariama du Brésil, de la taille du héron, d'un goût exquis: il est facile à apprivoiser, ainsi que la plupart des autres. Il y ajoute l'édredon, canard des îles du nord de l'Europe, qui porte le nom de son précieux duvet, et l'agami qui a l'instinct et la fidélité du chien, au point qu'il conduit un troupeau de volailles et même un troupeau de moutons, dont il se fait obéir, quoiqu'il ne soit pas plus gros qu'une poule.

M. Daubenton passe ensuite aux étangs

et viviers, qu'il regarde, avec raison, comme une partie importante de l'économie vétérinaire. Il cite, d'après Columelle, les anciens Romains qui transportoient du frai de poissons de la mer, dans leurs rivières et étangs d'eau douce, où ils croissoient en perfection. Il rapporte en exemple dans la nature, les aloses et les saumons qui, d'eux-mêmes, passent de la mer dans les rivières; et dans l'économie rurale, l'importation des carpes dans les rivières d'Angleterre, où elles étoient inconnues avant la fin du seizième siècle, et celle de l'esturgeon strelet de Russie dans le lac Mélor, près d'Upsal, regardée en Suède comme un événement remarquable du règne de son roi Frédéric Ier. Il propose d'importer de même les poissons de la méditerranée dans l'océan, et de l'océan dans la méditerranée; ainsi que dans nos rivières et lacs de France, l'umble chevalier et l'ombre, poissons exquis des lacs de Lauzanne et de Genève. Enfin, il étend ses vues aux abeilles et aux vers à soie, et il en conclut la nécessité de joindre des pâturages et des plantations d'arbres près de l'école vétérinaire, à l'usage de tous ses animaux.

Cette dernière partie de l'économie rurale se trouve à son plus haut point de perfection dans le jardin des plantes qui nourrit des végétaux de tous les pays. Je me félicite de ce que mes idées pour y établir une ménagerie, soient les mêmes que celles que M. Daubenton avoit proposées pour l'école vétérinaire d'Alfort, à deux lieues de Paris. Cette distance, qui nécessite les élèves de la capitale à faire quatre lieues pour aller entendre une leçon, est le plus grand des obstacles pour les progrès de cet établissement, digne d'ailleurs de beaucoup d'éloges: nos garçons maréchaux et nos cochers, à l'instruction desquels il seroit si utile, ne peuvent en profiter. Si cette école étoit réunie au jardin des plantes, quel avantage n'en résulteroit-il pas pour l'économie rurale et pour l'instruction publique?

(3) Une autre considération très-importante sur l'établissement que je propose, c'est qu'il sera utile au faubourg de la capitale qui a le moins de ressources pour subsister. Paris est, pour ainsi dire, formé de cinq ou six villes qui ont des revenus et des usages fort différens. Le haut clergé et la noblesse faisoient fleurir le faubourg Saint-Germain; les financiers, le quartier du Palais-Royal; les gens de haute robe, le Marais; le commerce, le quartier Saint-Denis; les manufactures, le faubourg Saint-Antoine; quelques pensions et écoles, le

faubourg Saint-Marceau. La langage et les mœurs en different autant que les fortunes. Quelqu'un a dit assez plaisamment qu'on pouvoit reconnoître, au sortir du spectacle, de quel quartier étoient les femmes qui montoient en voiture, par la manière dont elles ordonnoient à leurs cochers de les y ramener. Si elles disoient, « à l'hôtel, » elles étoient du faubourg Saint-Germain; « au logis, » elles demeuroient au Marais; « à la maison, » c'étoient des bourgeoises du faubourg Saint-Denis. Pour celles du faubourg Saint-Marceau, elles vont si rarement au spectacle, que le seul qu'on ait jamais établi dans leur quartier, n'a pu s'y soutenir un mois; cependant il étoit vers l'intérieur de la ville, à l'Estrapade, et après la révolution, époque qui en a fait éclore, avec succès, cinq ou six nouveaux dans les autres faubourgs de Paris. La section la plus pauvre de celui-ci est, je crois, celle du jardin des plantes, du moins à en juger par le nom qu'elle a adopté, de *Section des Sans-Culottes :* elle en est cependant une des plus patriotiques.

Il est certain que le faubourg Saint-Marceau est fort peuplé et fort mal à son aise: celui de Saint-Germain a beaucoup d'émigrés, et par cela même il a peu de population: les étrangers et les filles abondent toujours au Palais de l'Egalité, ci-devant le Palais-Royal : les bons bourgeois se plairont long-temps dans le tranquille Marais : on aura toujours besoin des manufactures du faubourg Saint-Antoine ; mais celui de Saint-Marceau n'a plus aujourd'hui de chanoines, de couvens et de pensions qui l'aidoient à vivre. Selon moi, la première cause des séditions des villes, et même des révolutions, est lorsque tous les riches y sont d'un côté, et tous les pauvres de l'autre. Il arrive de-là, que les riches deviennent insolens par l'excès de l'abondance, et les pauvres séditieux par celui de l'indigence et le sentiment de leur nombre. L'ancien régime n'avoit rien imaginé de mieux, pour contenir le peuple du faubourg Saint-Marceau, que d'y multiplier les casernes et les corps-de-garde. Qu'est-il arrivé ? le peuple a intéressé à son sort les soldats sortis de son sein, et compagnons de sa misère : c'est par eux que la révolution a éclaté. Il ne falloit pas le réprimer par le fer, mais l'adoucir par l'or ; il falloit ouvrir, dans nos Colonies, des débouchés à sa nombreuse et indigente population. J'ai parlé de ces remèdes généraux dans mes *Etudes de la Nature*, au sujet de l'esclavage des Noirs ; mais il y en a de particuliers qu'on auroit dû appliquer à la source même du mal : c'étoit de mêler les habitations des riches avec celles des pauvres ; c'étoit le moyen d'augmenter les jouissances des uns par l'industrie des autres, et de pourvoir aux besoins de tous : par là on prévenoit les séditions, qui ne viennent jamais que de l'indigence des petits et de l'ambition des grands ; par là on rapprochoit les unes des autres les différentes classes de citoyens, qui deviennent ennemies lorsqu'elles sont séparées par de trop grands intervalles. Il en fût résulté une harmonie nécessaire au corps politique. Il faut distribuer la population d'une grande ville, comme un jardin anglais ; on doit y voir les hôtels parmi les cabanes des jardiniers, comme les arbres des forêts qui s'embellissent des plantes qu'ils supportent, et des gasons qu'ils engraissent de leurs dépouilles et rafraichissent de leurs ombrages. Le fauxbourg Saint-Marceau a beaucoup perdu par la révolution : plusieurs gens aisés qui s'y étoient retirés, car il n'y en avoit point de riches, ont éte chercher de la tranquillité hors de Paris ; d'autres ont retiré leurs enfans de ses pensions. La suppression des chanoines et des couvens a achevé de lui enlever ses foibles ressources : il faut donc lui en donner d'autres, pour la tranquillité même de la capitale. Le plus facile et le plus utile est d'y établir les lieux destinés à l'instruction publique. Ce quartier y est le plus propre de tous ceux de Paris; on n'y est point distrait par les spectacles, ni par ceux des mauvaises mœurs si dangereux pour la jeunesse : elles y sont quelquefois grossières, mais elles y sont moins corrompues qu'ailleurs; il est fort rare d'y rencontrer des filles publiques. Les logemens y sont à très-bon marché : pour 90 liv. par an j'avois, il y a quelques années, quatre pièces dans un donjon, des commodités en tout genre, et une vue enchantée. Il n'y a presque pas de maison qui n'ait son jardin. L'air y est pur; l'eau de la Seine n'y est point infectée des immondices de la capitale; et, ce qui n'est pas un petit avantage, la bière et le pain de la rue Mouffetard y sont les meilleurs de Paris : ce qu'il ne faut pas attribuer, comme bien des gens le croient, à l'eau de la rivière des Gobelins, car on ne l'y emploie pas; mais à celle des puits qui y sont creusés dans des lits de roche. On le rendra le quartier le plus agréable de Paris, quand on aura bâti sur la Seine le pont de communication entre le boulevard du jardin des plantes et celui de l'Arsenal; quand on y aura fait aboutir, à travers les petites rues limitrophes de la rue de l'Oursine, l'avenue du beau boulevard du Mont-Parnasse; quand on aura achevé de paver la rue de

Buffon, impraticable aux voitures pendant l'hiver ; quand on l'éclairera la nuit, en y faisant mettre quelques-unes des nombreuses lanternes qu'on vient de supprimer sur la route de Versailles ; et sur-tout quand on aura débarrassé la rivière des Gobelins des causes qui l'infectent en été, et par suite le jardin des plantes qui en est voisin. Ces considérations doivent engager l'Administration à exécuter les projets qui ont déja été présentés sur ces divers objets. Aucun lieu dans Paris n'est aussi propre aux écoles nationales dans tous les genres. Tout le monde y connoît la manufacture fameuse des Gobelins, qui offre tant de ressources au peuple qui n'a que son industrie pour vivre. J'entends dire, depuis la révolution, que les beaux-arts ne sauroient fleurir dans les républiques ; et on cite pour exemple, l'Angleterre. C'est une grande erreur. Si les Anglais ne se livrent pas aux arts de goût, c'est à la navigation qu'il faut s'en prendre : elle absorbe toutes leurs vues, dès l'enfance ; et par ses études géométriques, ses calculs, ses fonctions pénibles et rudes, elle les prive de ces graces d'expression qui seules rendent celles de la nature. Mais s'ils ne sont ni peintres, ni sculpteurs, ils paient magnifiquement les beaux-arts, dont ils sentent tout le prix. D'ailleurs ne voyons-nous pas chez les auciens Grecs les beaux-arts fleurir dans toutes leurs républiques? Sycione, Samos, Athènes même, ne leur ont-elles pas dû la plus grande partie de leur illustration? Il y a plus, ils ne prospèrent que sur le sol de la liberté. Comparez les peintres, les sculpteurs, les poëtes, les orateurs, les historiens de la Grèce, avec ceux de l'empire si riche et si fastueux de la Perse; vous verrez quelle notable différence. Mais, de tous les établissemens, le premier de tous est sans doute celui de l'étude de la nature: elle est la mère des sciences, des arts et de toutes les inventions des hommes; elle seule les élève vers la Divinité, en leur faisant voir dans un petit espace de terrain, une partie des bienfaits qu'elle a répandus sur le globe pour être entre eux un objet perpétuel de commerce, et les faire vivre en frères.

FIN.

www.ingramcontent.com/pod-product-compliance
Ingram Content Group UK Ltd.
Pitfield, Milton Keynes, MK11 3LW, UK
UKHW020953180726
13838UKWH00003B/1293